Bhawna Arora

Desenvolvimento da face, maxila, mandíbula e palato duro

Bhawna Arora

Desenvolvimento da face, maxila, mandíbula e palato duro

Desenvolvimento do palato, maxila e mandíbula

ScienciaScripts

Cover image: www.ingimage.com

This book is a translation from the original published under ISBN 978-620-8-41536-5.

Publisher:
Sciencia Scripts
is a trademark of
Dodo Books Indian Ocean Ltd. and OmniScriptum S.R.L publishing group

120 High Road, East Finchley, London, N2 9ED, United Kingdom
Str. Armeneasca 28/1, office 1, Chisinau MD-2012, Republic of Moldova, Europe
Managing Directors: Ieva Konstantinova, Victoria Ursu
info@omniscriptum.com

Printed at: see last page
ISBN: 978-620-8-63133-8

DESENVOLVIMENTO DA FACE, MAXILA, MANDÍBULA E PALATO DURO

Índice

Embriologia Ciência da origem e desenvolvimento do organismo desde a fertilização do óvulo até ao final da oitava semana.

O QUE É O CRESCIMENTO?

Aumento da massa durante o desenvolvimento."- Stewart.(1982)

"Um aumento em tamanho ou número". - Profitt. (1986)

"Aspeto quantitativo do desenvolvimento biológico por unidade de tempo."- Moyers(1988)

"Toda uma série de alterações anatómicas e fisiológicas sequenciais que ocorrem desde o início da vida pré-natal até à senilidade" (Meridith).

"Crescimento significa um aumento, expansão ou extensão de um determinado tecido." - Pinkham (1994).

O QUE É O DESENVOLVIMENTO?

O desenvolvimento é um progresso em direção à maturidade" - Todd (1931)

"O desenvolvimento é um processo de maturação que envolve uma diferenciação progressiva a nível celular e tecidular" - Enlow.

"O desenvolvimento refere-se a todas as mudanças unidireccionais que ocorrem naturalmente na vida de um indivíduo, desde a sua existência como uma única célula genética até à sua elaboração como uma unidade multifatorial que termina na morte." (Moyers) .

INTRODUÇÃO

A célula somática humana contém 46 cromossomas, o que se designa por número diploide. Existem duas séries de divisão das células somáticas - MITOSIS e MEIOSIS. A MITOSIS produz o mesmo número de cromossomas na célula filha resultante, enquanto a MEIOSIS produz metade do número, ou seja, 23, designados como haplóides, com a consequente formação de gâmetas.

O desenvolvimento começa com a fertilização, o processo pelo qual o gâmeta masculino, o **espermatozoide, e o** gâmeta feminino, o **oócito, se unem para dar origem a um zigoto**. Os gâmetas derivam de **células germinativas primordiais (PGCs)** que se formam no epiblasto durante a segunda semana e que se deslocam para a parede do saco vitelino. Durante a **quarta semana**, estas células começam a migrar do saco vitelino para as gónadas em desenvolvimento, onde chegam no final da **quinta semana**. As divisões mitóticas aumentam o seu número durante a sua migração e também quando chegam à gónada.

Em preparação para a fertilização, as células germinativas são submetidas **à gametogénese,** que inclui a meiose, para reduzir o número de cromossomas e **a citodiferenciação para completar a sua maturação.**

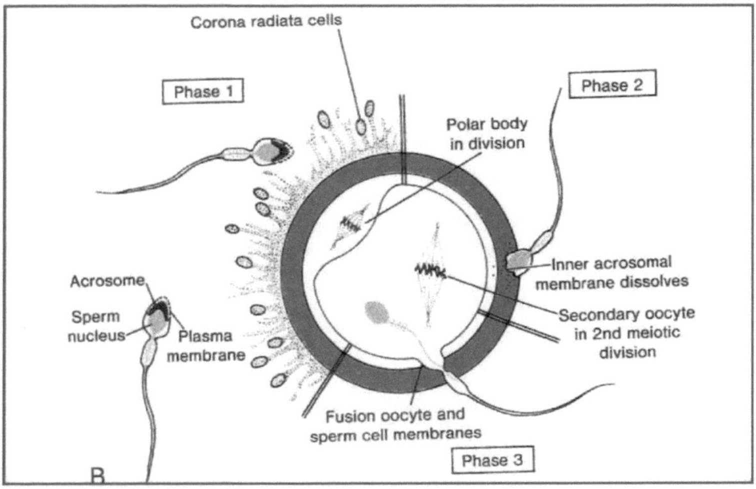

CORRELATO CLÍNICO

Células germinativas primordiais (PGCs) e teratomas

Os teratomas são tumores de origem controversa que contêm frequentemente uma variedade de tecidos, como osso, cabelo, músculo, epitélios intestinais, entre outros. Pensa-se que estes tumores surgem de uma célula estaminal pluripotente que pode diferenciar-se em qualquer uma das três camadas germinativas ou nos seus derivados.

O CRESCIMENTO SUBDIVIDE-SE, EM TERMOS GERAIS, EM:

a. Crescimento pré-natal

1. Período do óvulo: Desde o momento da fertilização até 1 semana.

2. Período embrionário: da 2.a semana à 8.ª semana

3. Período do feto: a partir da 9.ª semana até ao nascimento

b. Crescimento pós-natal

c. Maturidade

d. Velhice

Desenvolvimento pré-natal: Ocupar 10 meses lunares

Dividido em 3 fases

a) as duas primeiras fases, quando combinadas, são chamadas de fase embrionária

b) 3rd é a fase fetal

A fase 1st começa com a fertilização e dura as primeiras 4 semanas.A fase 2nd dura as próximas 4 semanas e é caracterizada pela diferenciação de todas as principais estruturas externas e internas.A fase 3rd começa a partir do final da fase 2nd até o termo e nesta fase ocorre o crescimento e a maturação.**O embrião nesta fase é chamado de feto.**

CRESCIMENTO PÓS-NATAL

Padrão

Crescimento diferencial

Gradiente de crescimento cefalo-caudal

Variabilidade

Tempo, velocidade e direção

Padrão

O padrão de crescimento representa a proporcionalidade, que não se refere apenas a um conjunto de relações proporcionais num determinado momento, mas também a uma mudança nessas relações proporcionais ao longo do tempo.

CRESCIMENTO DIFERENCIAL

Os diferentes órgãos crescem a ritmos diferentes e em alturas diferentes. Curva de crescimento de Scammon - por Richard Scammon Os tecidos linfóides atingem um crescimento de 200% até aos dez anos de idade e depois regridem; o tecido neural atinge o crescimento total até aos seis anos de idade e depois pára. Os tecidos somáticos em geral seguem um padrão sigmoide. Os tecidos genitais crescem significativamente apenas na puberdade e atingem o crescimento total por volta dos 20 anos de idade.

GRADIENTE CEFALOCAUDAL DE CRESCIMENTO

Isto significa que existe um eixo de crescimento crescente que se estende da cabeça em direção aos pés. Por volta do 3.º mês de vida da UI, a cabeça ocupa 50% do comprimento total do corpo. No momento do nascimento, a proporção da cabeça diminui para 30%, diminuindo continuamente até que, na idade adulta, a proporção da cabeça é de apenas 12%.

Alterações desde o nascimento até à idade adulta:

Cabeça - 50% do comprimento total do corpo (por volta do 3.º mês de vida da UI), reduzindo depois para 30% aquando do nascimento.

Na idade adulta, diminui para quase 12% do comprimento total do corpo. O olho completa o crescimento em 5 anos. O cérebro completa o crescimento aos 10 anos. O coração completa o crescimento aos 20 anos. A largura da cabeça completa-se aos 3 anos. O comprimento do coração completa-se aos 17-18 anos.

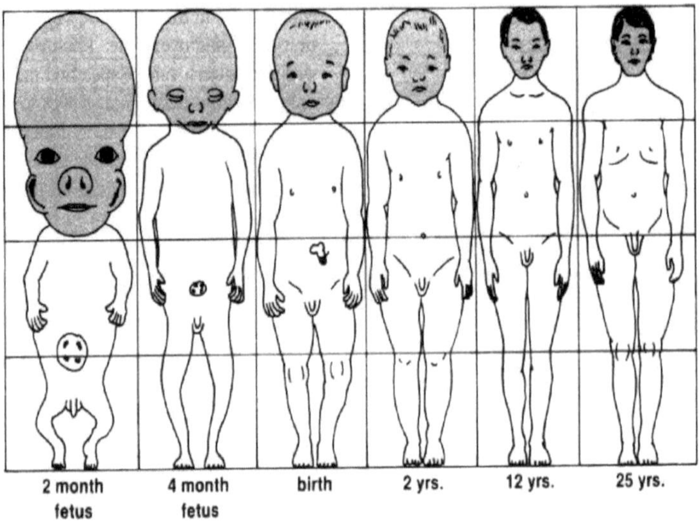

VARIABILIDADE

Não existem dois indivíduos iguais, à exceção dos gémeos siameses. Por isso, é importante ter uma "variabilidade normal" antes de classificar as pessoas como normais ou anormais.

MOMENTO DE CRESCIMENTO

Um dos factores de variabilidade do crescimento.

As variações no tempo surgem porque o relógio biológico dos diferentes indivíduos é diferente.

É influenciado por:

- ***S*** **genética**
- ***J*** **diferenças relacionadas com o sexo**
- ***J*** **físico relacionado**
- ***J*** **influências ambientais.**

SURTOS DE CRESCIMENTO

O crescimento não ocorre de forma uniforme. Período de aceleração súbita do crescimento conhecido como surtos de crescimento

Causas

Pré-nascimento : Divisão celular

Pós-parto : Hormonas

Momento dos surtos

a) Pouco antes do nascimento
b) Um ano após o nascimento
c) Surto de crescimento da dentição mista :

   rapazes:8-11 anos

   raparigas: 7-9 anos

d) crescimento na adolescência

1) fase pré-púbere
2) fase de pubescência
3) fase pós-púbere

Rapazes : (14-16 anos)

Raparigas : (11-13 anos)

SIGNIFICADO :

Para distinguir se as alterações de crescimento são normais ou patológicas

Tratamento de discrepâncias esqueléticas : Melhor na dentição mista

A cirurgia ortognática deve ser efectuada quando o crescimento

diminui.

PRINCÍPIOS DO CRESCIMENTO ÓSSEO E TEORIAS DO CRESCIMENTO

1. Qualquer alteração dimensional no osso restringe-se ao crescimento aposicional na superfície externa e na superfície interna.
2. A cartilagem tem a capacidade de crescimento intersticial.
3. A remodelação contínua, ou seja, a deposição de osso na superfície externa do osso e a decomposição selectiva do osso na outra superfície, serve para manter a forma e a proporção do osso.
4. A remodelação conduz à migração, conhecida como deriva, e ao movimento, conhecido como translação ou deslocação.

FACTORES FÍSICOS QUE AFECTAM O CRESCIMENTO

HEREDITÁRIO

HORMONAS

NUTRIÇÃO

DOENÇA

RAÇA

FACTORES SOCIOECONÓMICOS

DIMENSÃO DA FAMÍLIA E ORDEM DE NASCIMENTO

TENDÊNCIAS SECULARES

EFEITOS CLIMÁTICOS E SAZONAIS

PERTURBAÇÕES PSICOLÓGICAS

EXERCÍCIO

FISIOLOGIA DO CRESCIMENTO: Efeitos das hormonas sobre o crescimento: Insulina, GH, Tiroxina têm efeitos indirectos através das somatomedinas . A insulina aumenta o crescimento da cartilagem. Os corticosteróides e a GH afectam o crescimento pubertário. A PTH aumenta o nível de cálcio no sangue. A calcitonina diminui o nível de cálcio no sangue.

TEORIAS DO CRESCIMENTO

Genética (Brodie 1941)

Cartilage nous (Scott 1953)

Dominância Sutural (Sicher 1955)

Matriz funcional (Melvin Moss 1962)

Van Limborgh (1970)

Neurotropismo (Behrents 1976)

Teoria dos servo-sistemas (Petrovic 1974)

A teoria mais importante é a teoria da matriz funcional

TEORIA DA MATRIZ FUNCIONAL

Criada por MELVIN MOSS em 1962, é constituída por dois elementos:

unidade esquelética e matriz funcional. Isto significa que a forma, a função e a organização do componente esquelético são sempre secundárias e compensatórias em relação à unidade não esquelética. A unidade esquelética é composta por todos os componentes micro e macroesqueléticos e a unidade funcional é composta por tecidos moles, espaços e órgãos.

A **teoria genética:** foi reafirmada por Sicher em 1952. A abordagem clássica atribuía o controlo do crescimento do crânio a um fator genético intrínseco. Os factores externos têm um efeito modificador sobre este fator, reduzindo assim consideravelmente o seu efeito.

TEORIA CARTILAGINOSA: Foi proposta por James Scott em 1950, que assumiu que os factores intrínsecos de controlo do crescimento estavam presentes na cartilagem e no periósteo. A cartilagem cresce ativamente, o osso cresce mais tarde, pelo que a cartilagem tem um potencial de crescimento inato.

TEORIA DA DOMINÂNCIA SUTURAL: Dada por 'Sicher[z]-Disse-se que a proliferação do tecido conjuntivo e a sua substituição por osso nas suturas é uma consideração primordial. A proliferação do tecido conjuntivo sutural provoca um crescimento aposicional.

TEORIA DE VAN LIMBORGH: Teoria multifatorial apresentada em 1970, que combina a teoria da matriz funcional, a teoria de Sicher e a teoria genética. Foram descritos os seguintes factores:

1. FACTORES GENÉTICOS INTRÍNSECOS.

2. FACTORES EPIGENÉTICOS LOCAIS
3. FACTORES EPIGENÉTICOS GERAIS
4. FACTORES AMBIENTAIS LOCAIS
5. FACTORES AMBIENTAIS GERAIS.

Resumo utilizando a teoria de van Limborgh:

O crescimento condrocraniano é controlado por factores genéticos intrínsecos. O crescimento desmocraniano é controlado por factores genéticos intrínsecos. As partes cartilaginosas do crânio devem ser vistas como centros de crescimento.

TEORIA DO SISTEMA DE SERVIÇOS

De acordo com este conceito, o crescimento da cartilagem primária ocorre por diferenciação dos condroblastos e pode ser modificado por factores que afectam apenas a direção e não a quantidade de crescimento. A cartilagem secundária tem um efeito direto de multiplicação celular, mas os efeitos indirectos também desempenham um papel importante.

NEUROTROPISMO

O impulso nervoso que envolve o transporte axoplasmático tem um potencial de crescimento direto, mas também tem um efeito indireto no crescimento osteogénico, influenciando o crescimento dos tecidos moles, mas o efeito foi considerado negligenciável.

Indução e diferenciação

A modelação é fundamental no desenvolvimento para a especificação do eixo inicial (cabeça-cauda) do embrião. A padronização é um evento espacial e temporal, como exemplificado pelo desenvolvimento regional de incisivos, caninos, pré-molares e molares, que ocorrem em momentos diferentes e envolvem o processo clássico de indução, competência e diferenciação.

Compartimentação: todas as células de um indivíduo provêm do zigoto e depois diferenciam-se em populações que assumiram funções, formas e taxas de renovação específicas. Diz-se que uma tal população de células é compartimentada.

Indução: o processo que inicia a diferenciação é a indução, e o indutor é o agente que persuade a célula a ser induzida.

Genes envolvidos no desenvolvimento do rosto

O gene Homeobox e os factores de crescimento que desempenham um papel crucial no desenvolvimento são reconhecidos por anticorpos especiais para proteínas específicas e imunoquímica. Os genes homeobox contêm uma região semelhante de 180 pares de bases nucleotídicas e funcionam através da produção de proteínas que se ligam ao ADN de outros genes a jusante, regulando a sua expressão.

Regulação do fator de crescimento: é feita de duas formas

1. REGULAÇÃO PARACRINA: neste caso, o fator de crescimento é produzido por uma célula e actua sobre outras células.

2. REGULAÇÃO AUTOCRÍNICA: processo da célula que recaptura o seu próprio produto.

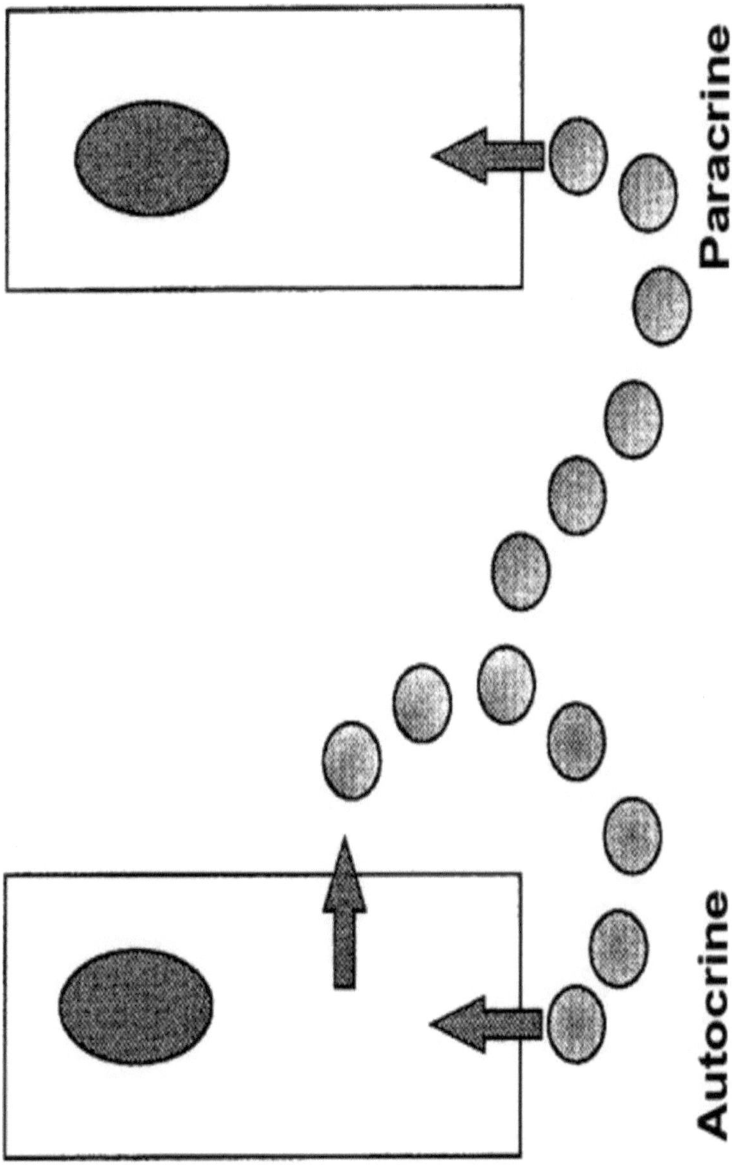
Paracrine
Autocrine

SINALIZAÇÃO E FACTORES DE CRESCIMENTO

Factor	*Abbreviation*	*Derivation*	*Action*
Bone morphogenetic proteins	BMPs (1-8)	Pharyngeal arches; frontonasal mass	Mesoderm induction; Dorso-ventral organizer; Skeletogenesis; Neurogenesis
Brain-derived neurotrophic factor	BDNF	Neural tube	Stimulates dorsal root ganglia anlagen
Distal-less	Dlx	Genome	Transcriptional activator
Epidermal growth factor	EGF	Various organs; salivary glands	Stimulates proliferation and differentiation of many cell types
Fibroblastic growth factors (1-19)	FGFs	Various organs and organizing centers	Neural and mesoderm induction. Stimulates proliferation of fibroblasts, endothelium, myoblasts, osteoblasts
Hepatocyte growth factor	HGF	Pharyngeal arches	Cranial motor axon growth; Angiogenesis
Homeodomain proteins	Hox-a,Hox-b, Pax, Dlx	Genome	Craniocaudal and Dorsoventral patterning
Insulin-like growth factors 1 and 2	IGF-1 IGF-2	Sympathetic chain ganglia	Stimulates proliferation of fat and connective tissues and metabolism
Interleukin-2, Interleukin-3, Interleukin-4	IL-2 IL-3, IL-4	White blood cells	Stimulates proliferation of T-lymphocytes; Hematopoietic growth-factor; B-cell growth factor
Lymphoid enhancer factor 1	Lef1	Neural crest; Mesencephalon	Regulates epithelial-mesenchymal interactions
Nerve growth factor	NGF	Various organs	Promotes axon growth and neuron survival
Platelet-derived growth factor	PDGF	Platelets	Stimulates proliferation of fibroblasts, neurons, smooth muscle cells and neuroglia
Sonic hedgehog	Shh	Various organs	Neural plate and Craniocaudal patterning, Chondrogenesis
Transcriptional factors	TFs	Intermediate gene in mesoderm induction casade	Stimulates transcription of actin gene
Transforming growth factor-α	TGF-α	Various organs	Promotes differentiation of certain cells
Transforming growth factor-β (Activin A, Activin B)	TGF-β	Various organs	Mesoderm induction; Potentiates or inhibits responses to other growth factors
Vascular endothelial growth factor	VEGF	Smooth muscle cells	Stimulates angiogenesis
Wingless	Wnt	Genome	Pattern formation; organizer

REGULAÇÃO MOLECULAR DO DESENVOLVIMENTO FACIAL

Como indicado, grande parte da face é derivada de células da crista neural que migram para os arcos faríngeos a partir das bordas das pregas neurais cranianas. No rombencéfalo, as células da crista originam-se de regiões segmentadas conhecidas como rombómeros. Há oito desses segmentos no rombencéfalo (R1 a R8), e as células da crista de segmentos específicos povoam arcos específicos. As células da crista de R1 e R2 migram para o primeiro arco, as células de R4 vão para o segundo arco, as de R6 e 7 para o terceiro arco e as de R8 para o quarto e sexto arcos. Além disso, o primeiro arco recebe células da crista originárias do mesencéfalo, e poucas ou nenhumas células da crista se formam a partir de R3 e R5. A maioria das células desses rombómeros sofre morte celular por **apoptose, enquanto algumas migram com** células **da crista** originárias de segmentos adjacentes.

A expressão dos *genes* HOX *no rombencéfalo ocorre em padrões específicos de sobreposição, de tal forma que* os genes mais 3' de um grupo têm os limites mais rostrais ***transportados pela crista neural migratória.***Uma vez que* os genes 3' são os primeiros a serem expressos, é também estabelecida uma relação temporal para a expressão dos genes HOX numa sequência rostro caudal. Além disso, os genes paralógicos, por exemplo *HOXA3, HOXB3 e HOXD3*, partilham domínios de expressão idênticos. Estes padrões de expressão determinam a organização dos gânglios e nervos cranianos e as vias de migração da crista neural. Inicialmente, as células da crista expressam os *genes HOX* do seu segmento de origem, mas a manutenção desta expressão específica depende da interação destas células com o mesoderma nos arcos faríngeos. Por exemplo, as células da crista do segundo arco expressam

HOXA2, e se essas células interagirem com mesoderma do segundo arco, então essa expressão continua. Assim, embora um código **HOX** sobreposto seja essencial para especificar a identidade dos arcos e seus derivados, as células da crista por si só não estabelecem ou mantêm o padrão de expressão.

Os retinóides (ácido retinóico) podem também regular a expressão dos genes HOX de uma forma dependente da concentração, sendo os genes da extremidade 3 mais sensíveis do que os das regiões 5. A regulação ocorre através de elementos de resposta ao ácido retinóico (RAREs), que são locais de ligação para o ácido retinóico nas regiões promotoras dos genes HOX. Para além dos genes HOX, o OTX2 pode participar na morfogénese do primeiro arco. Este gene, um fator de transcrição importante para o desenvolvimento do cérebro, contém um Homeodomínio e é expresso nas regiões do prosencéfalo e mesencéfalo. As células da crista neural que migram do mesencéfalo para o primeiro arco transportam o OTX2 com elas para esta região. Presumivelmente, OTX2 e possivelmente genes HOX no primeiro arco interagem para modelar essa estrutura.

FORMAÇÃO DAS CAMADAS GERMINATIVAS

O evento mais caraterístico que ocorre durante a terceira semana de gestação é a **gastrulação, o processo** que estabelece as três **camadas germinativas (ectoderme, mesoderme e endoderme) no embrião.** A gastrulação começa com a formação da **raia primitiva na** superfície do epiblasto. A extremidade cefálica da raia, o nó primitivo, consiste numa área ligeiramente elevada que envolve a pequena fossa primitiva.As células do epiblasto migram em direção à estria primitiva e, ao chegarem à região da estria, tomam a forma de frascos, separam-se do epiblasto e deslizam por baixo dele. Este movimento para o interior é conhecido como invaginação. Depois de as células se terem invaginado, algumas deslocam o hipoblasto, criando a endoderme embrionária, e outras ficam entre o epiblasto e a endoderme recém-criada, formando a mesoderme. As células que permanecem no epiblasto formam então o ectoderma.

PLACA PROCORDAL

A placa procordal propriamente dita forma-se entre a ponta da notocorda e a **membrana bucofaríngea** e **deriva** de algumas das primeiras células que migram através do nódulo em direção cefálica. As células da camada mesodérmica dividem-se no nódulo e migram entre a ectoderme e a endoderme para formar uma coluna sólida que avança na linha média até à placa procordal.

Mapa do destino estabelecido durante a gastrulação:

O ingresso de células do epiblasto através da região cranial do nódulo primitivo dá origem à notocorda. As células que migram nas bordas laterais do nódulo e da extremidade cranial da estria tornam-se mesoderma paraxial. As células que migram pela região do meio da raia tornam-se mesoderma intermediário. As células que migram através da parte mais caudal da estria contribuem para a mesoderme da placa lateral.

Derivado da camada germinativa ectodérmica: No início da terceira semana, a camada germinativa ectodérmica tem a forma de um disco que é mais largo na região cefálica do que na região caudal. O aparecimento da notocorda e do mesoderma pré-cordal induz o ectoderma sobrejacente a engrossar e a formar a placa neural. **As células da placa neural** constituem o neuroectoderma e a sua indução representa o evento inicial no processo de **neurulação.**

DESTINO DAS CAMADAS GERMINATIVAS

As células ectodérmicas darão origem ao sistema nervoso; à epiderme e aos seus anexos (pêlos, unhas, glândulas sebáceas e sudoríparas); ao epitélio que reveste a cavidade oral, as fossas nasais e os seios nasais; a uma parte das glândulas intra-orais e ao esmalte dos dentes. As células endodérmicas formarão o revestimento epitelial do trato gastrointestinal e de todos os órgãos associados. A mesoderme dará origem aos músculos e a todas as estruturas derivadas do tecido conjuntivo (por exemplo, osso, cartilagem, sangue, dentina, polpa, cemento e ligamento periodontal).

DESENVOLVIMENTO DO ROSTO

A cavidade oral primitiva ou estomodeu aparece no final da terceira semana pré-natal como uma fossa ou invaginação dos tecidos subjacentes ao prosencéfalo. **Esta invaginação surge como resultado do crescimento do prosencéfalo anterior e do aumento do coração em desenvolvimento. Na extremidade mais profunda do estomodeu, o ectoderma oral está em estreito contacto com o endoderma do intestino anterior. A parede entre a cavidade oral e a cavidade faríngea é denominada membrana orofaríngea, uma vez que separa o estomodeu da primeira parte do intestino anterior. Durante a quarta semana de vida intra-uterina, a membrana orofaríngea desintegra-se para estabelecer a continuidade entre as duas cavidades.**

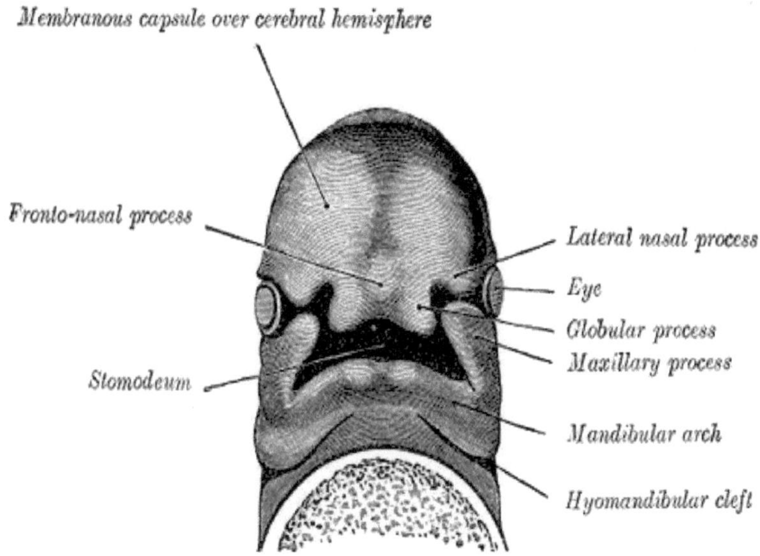

Na 4ª quarta semana de vida, a membrana orofaríngea se desintegra para criar uma abertura externa anterior do tubo neural, que se dobra para formar o cérebro. Estas células começam então a sua migração para o exterior do tubo neural e dão origem às células que formam os tecidos da cabeça e da face. A proteína Shh (sonic hedgehog) é essencial para o padrão mediolateral da placa neural e, mais tarde, para o padrão dorsoventral do tubo neural.

Arco faríngeo

A caraterística mais típica do desenvolvimento da cabeça e do pescoço é formada pelos **arcos faríngeos ou branquiais. Estes arcos aparecem** na quarta e quinta semanas de desenvolvimento e contribuem para a aparência externa caraterística do embrião. **Os arcos faríngeos** não só contribuem para a formação do **pescoço,** como também desempenham um papel importante na formação da **face**. No final da quarta semana, o centro da face é formado pelo estomodeu, rodeado pelo primeiro par de arcos faríngeos. Apenas o primeiro e o segundo arcos se estendem até à linha média, e cada arco é progressivamente mais pequeno do primeiro ao último. O arco branquial mandibular é o primeiro a desenvolver-se. O hioide é o segundo arco a desenvolver-se. Os arcos III, IV e V são constituídos por barras emparelhadas de mesoderma coberto de epitélio, que se dividem na linha média pelo coração em desenvolvimento. Cada arco faríngeo é constituído por um núcleo de tecido mesenquimatoso, coberto no exterior por ectoderma superficial e no interior por epitélio de origem endodérmica.

BOLSAS FARÍNGEAS

O epitélio endodérmico das bolsas faríngeas diferencia-se numa variedade de órgãos importantes. A partir da 1ª bolsa, desenvolvem-se o ouvido médio e a trompa de Eustáquio. Da segunda, originam-se as amígdalas palatinas. Da 3ª bolsa, surgem as paratiróides inferiores e o timo. Da 4ª bolsa, forma-se a glândula paratiroide superior. Da 5.ªbolsa, desenvolve-se o corpo ultimobranquial

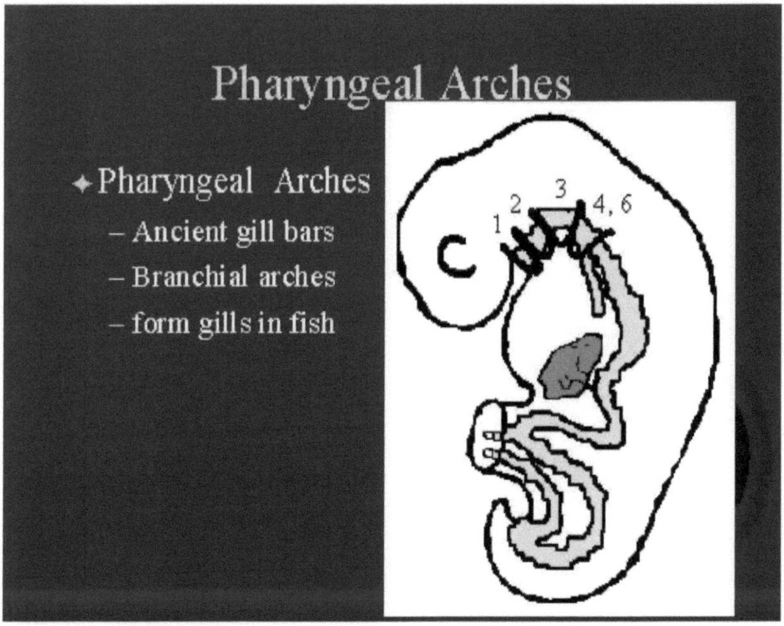

FENDAS FARÍNGEAS

O embrião de 5 semanas é caracterizado pela presença de quatro fendas faríngeas, das quais apenas uma contribui para a estrutura definitiva do embrião. A parte dorsal da primeira fenda penetra no mesênquima subjacente e dá origem ao meato auditivo externo. Com a fusão dos tecidos mesenquimatosos dos arcos faríngeos 2nd, 3rd e 4th com a crista epicárdica, esta perde o contacto com as fendas faríngeas 2nd, 3rd e 4th, o que resulta na formação de um seio cervical revestido de ectoderme, que desaparece durante o desenvolvimento posterior.

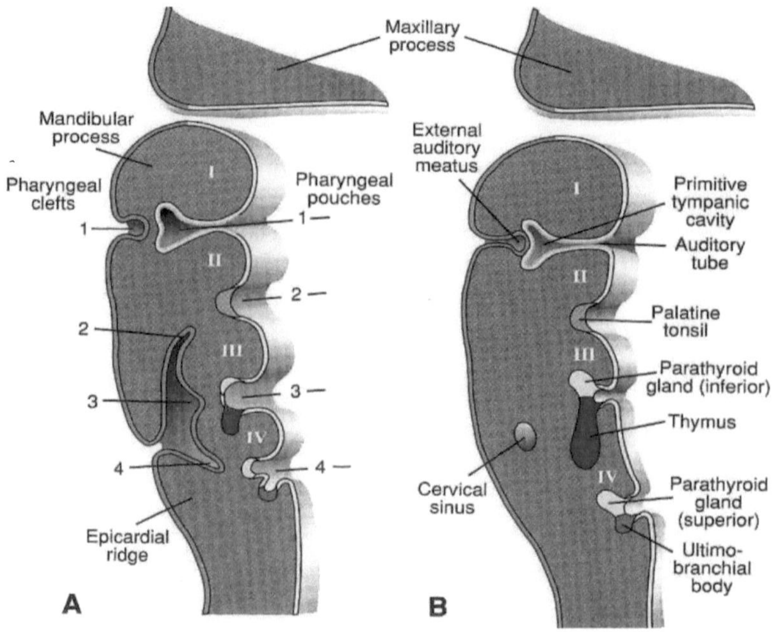

VASCULATURA DO ARCO BRANQUIAL

Cada um dos 5 arcos branquiais contém um par de vasos sanguíneos que conduzem o sangue do coração para o cérebro e para os tecidos posteriores através dos tecidos do arco. Estes são chamados arcos aórticos. Os arcos aórticos anteriores direito e esquerdo desenvolvem-se primeiro e, após uma semana, começam a desaparecer à medida que os arcos mais posteriores se desenvolvem. Os vasos do arco mais caudal aumentam de tamanho e amadurecem. Os vasos do 3º arco transformam-se nas artérias carótidas comuns, que irrigam o pescoço, a face e o cérebro; os vasos do 4º arco transformam-se na aorta dorsal, que fornece sangue a todo o corpo; os vasos do 6º arco fornecem sangue aos pulmões, sob a forma de circulação pulmonar.Num embrião com 4 semanas, o coração está ventral aos arcos e o sangue passa dorsalmente para o cérebro e para o corpo. Na 5.ª semana, os vasos do 1.º e 2.º arcos branquiais desapareceram e o fornecimento de sangue à face é efectuado pelo vaso do 3.

MUDANÇA NA IRRIGAÇÃO SANGUÍNEA DO ROSTO

Uma mudança importante no embrião humano ocorre na 7ª semana pré-natal, quando a artéria estapediana oclui subitamente e se separa da artéria carótida interna, o que interrompe o seu fornecimento de sangue à face e aos tecidos palatinos. Muitos dos seus ramos terminais fundem-se com os ramos periféricos da carótida externa. Isto resulta na mudança mais invulgar do fornecimento de sangue à face, da artéria carótida interna para a artéria carótida externa. O momento desta mudança é muito importante. Os vasos começam a degenerar num local e a proliferar rapidamente noutro. A 7ª semana é um período importante de rápido crescimento, expansão e fusão dos processos faciais. O lábio e o palato estão a sofrer alterações máximas de desenvolvimento durante este período. Assim, uma deficiência vascular nesta altura pode resultar numa deficiência de oxigénio e de nutrição que pode resultar em fenda labial, fenda palatina ou ambas.

CARTILAGENS DO ARCO BRANQUIAL

O esqueleto inicial dos arcos branquiais desenvolve-se a partir do tecido mesenquimatoso como barras cartilaginosas. No 1º arco, surgem as cartilagens de Meckel bilaterais. O martelo e a bigorna desenvolvem-se e ossificam na extremidade dorsal da cartilagem de Meckel. O resto da cartilagem desaparece gradualmente, deixando parte do pericôndrio como o ligamento esfenomaleolar (ant. Ligamento do martelo) e parte como o ligamento esfenomandibular. No 2º arco, desenvolve-se a cartilagem de Reichert. Esta dá origem ao estribo, ao processo estiloide, ao corno menor e à parte superior do corpo do hioide. O ligamento estilo-hióideo é formado pelo pericôndrio no local de desaparecimento desta cartilagem do 2º arco. A cartilagem do 3º arco forma o corno maior e a parte inferior do corpo do hioide. A cartilagem do 4º arco forma a cartilagem tiroide. A cartilagem do 5º arco não tem derivados adultos.

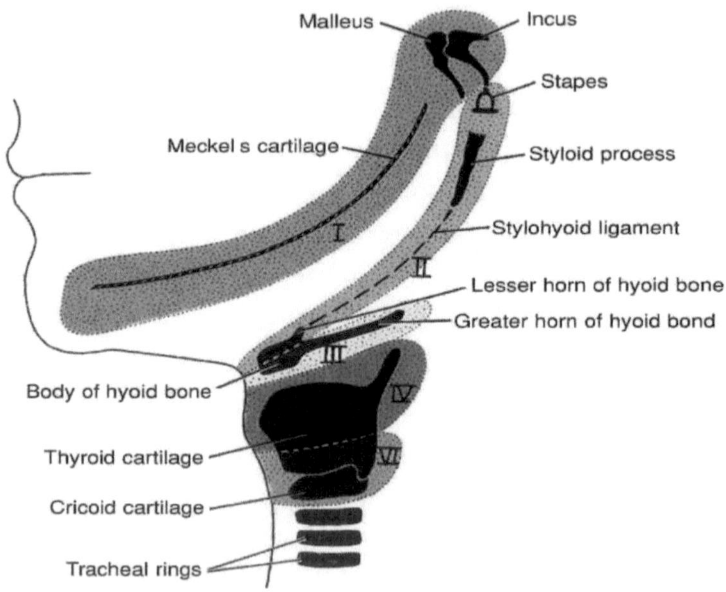

DESENVOLVIMENTO MUSCULAR E NEURAL

Durante a 5ª semana, os mioblastos proliferam no arco mandibular e, na 7ª semana, as células migram e diferenciam-se nos 4 músculos da mastigação: pterigoide lateral, pterigoide medial, temporal e masseter. As células musculares do arco hioide e dos miótomos occipitais proliferam e migram anteriormente para o pavimento da boca, formando os músculos da língua. As células musculares do 3º e 4º arcos formam os músculos da faringe: estilofaríngeo, cricotireóideo, elevador do palato e constritor da faringe.

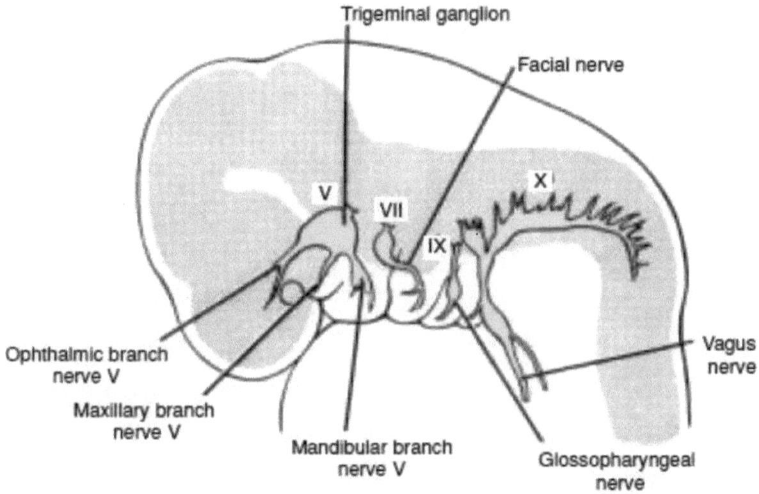

Os nervos desenvolvem-se em conjunto com as fibras musculares em desenvolvimento. Na 7ª semana, o V nervo já penetrou na massa muscular mandibular, tal como o VII nervo na massa do segundo arco. O nervo trigémeo (V) fornece fibras sensoriais à mandíbula e à maxila e fibras motoras aos músculos da mastigação. O nervo facial (VII) acompanha a migração da massa muscular facial do pescoço para a face. O nervo facial (VII) acompanha a migração da massa muscular facial do pescoço para a face, fornecendo também fibras para os músculos estilo-hióideo e estapédio e para o ventre posterior do músculo digástrico. O nervo glossofaríngeo (IX) fornece fibras para os músculos estilofaríngeo e faríngeo superior.

Correlatos clínicos

Fístula branquial A falha na obliteração completa do seio cervical resulta num quisto cervical. Se o quisto se abrir para o exterior, desenvolve-se uma fístula. Os quistos ou fístulas branquiais podem ser encontrados em qualquer parte do lado do pescoço ao longo da borda anterior do músculo ECM. Outra causa é o crescimento caudal incompleto do 2º arco, que deixa uma abertura na superfície do pescoço.

DESENVOLVIMENTO DA FACE PRECOCE

A face desenvolve-se durante a ^{5ª} a ^{7ª} semana de vida intra-uterina a partir de 4 primórdios que rodeiam uma depressão central denominada fossa central. o processo frontal (um único processo localizado cranialmente).2 processos maxilares localizados bilateralmente e situados lateralmente à fossa oral.Processo mandibular derivado do primeiro arco branquial localizado abaixo da fossa oral.Na ^{5ª} semana de vida, os placódios nasais desenvolvem-se bilateralmente na parte inferior do processo frontonasal, onde confinam com a cavidade oral. Nas margens dos placódios, o mesênquima prolifera e produz processos nasais mediais e laterais, transformando assim os placódios em fossas nasais (narinas). Na ^{6ª} semana de vida da UI, os processos nasais mediais e laterais aparecem como estruturas em forma de ferradura, com a extremidade aberta da fenda em contacto com a cavidade oral.

A. Cisto cervical lateral abrindo-se na lateral do pescoço por meio de uma fístula.B. Cistos cervicais laterais e fístulas em frente ao músculo esternocleidomastoideo. Notar também a região das fístulas pré-auriculares. **C. Um quisto cervical lateral que se abre na faringe** ao nível da amígdala palatina.

4ª semana PERÍODO GESTACIONAL

No final da quarta semana, todas as cinco tumefacções apareceram. As tumefacções maxilares podem ser distinguidas lateralmente, e as tumefacções mandibulares caudalmente ao estomodeu. O processo frontonasal é azul nestas ilustrações.

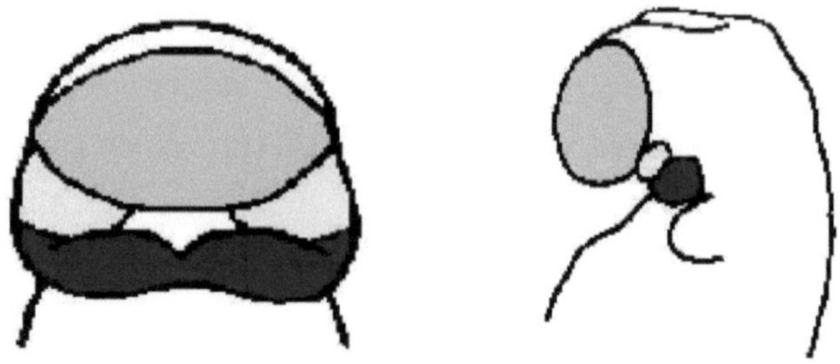

5ª semana GA (início) As tumefacções maxilares emparelhadas aumentam de tamanho e crescem ventral e medialmente.

Um par de espessamentos ectodérmicos chamados placódios nasais aparecem no processo frontonasal e começam a alargar-se. O ectoderma no centro de cada placode nasal invagina-se para formar uma fossa nasal oral, dividindo o bordo elevado de um placode num processo nasal lateral e num processo nasal medial.

De cada lado, o processo nasal lateral é separado do processo maxilar por um sulco chamado **sulco nasolacrimal**. Este sulco acabará por desaparecer , mas antes de desaparecer, o epitélio na sua profundidade canalizar-se-á , e formará o ducto nasolacrimal.

6ª semana GA Cada processo nasal medial começa a migrar em direção ao outro e a fundir-se. As tumefacções mandibulares fundiram-se para criar o lábio inferior primordial. As fossas nasais aprofundam-se e fundem-se para formar um único saco nasal ectodérmico alargado.

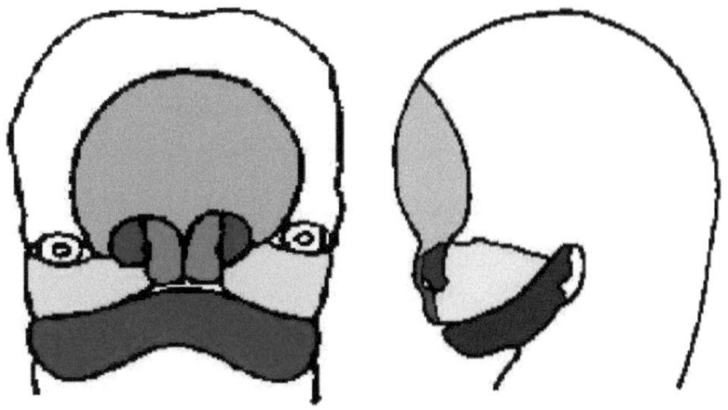

O ponto de contacto dos processos nasais mediais e maxilares cobertos de epitélio é denominado "**barbatana nasal**". Esta folha epitelial posicionada verticalmente sob cada narina separa os processos nasais mediais e maxilares; e quando a barbatana desaparece, o lábio funde-se.

10ª semana GA

A ectoderme e a mesoderme do processo frontal e de cada processo nasal medial proliferam, formando um septo nasal mediano. O filtro está agora formado e as porções laterais das tumefacções maxilar e mandibular fundem-se para criar as bochechas e reduzir a boca à sua largura final.

SULCO NASOLACRIMAL

Este sulco está presente entre o processo nasal lateral e o processo maxilar e desenvolve-se como um cordão sólido do ângulo medial do olho até à cavidade nasal. Pode tornar-se canalizado, ligando a parte anterior do olho à cavidade nasal. Clinicamente, é importante: Ducto obstruído - falha na canalização do ducto; aberto cirurgicamente para que as lágrimas sejam drenadas para a cavidade nasal.

Defeitos da proeminência frontonasal i

Excesso de tecido na proeminência frontonasal: Displasia frontonasal. Ponte nasal larga, hipertelorismo, fenda nasal, lábio leporino mediano. Pode estar associada a outros defeitos (por exemplo, tetra logia de Fallot no coração).

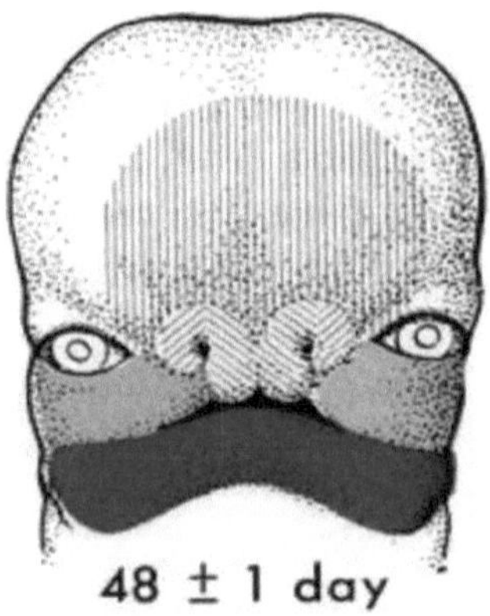

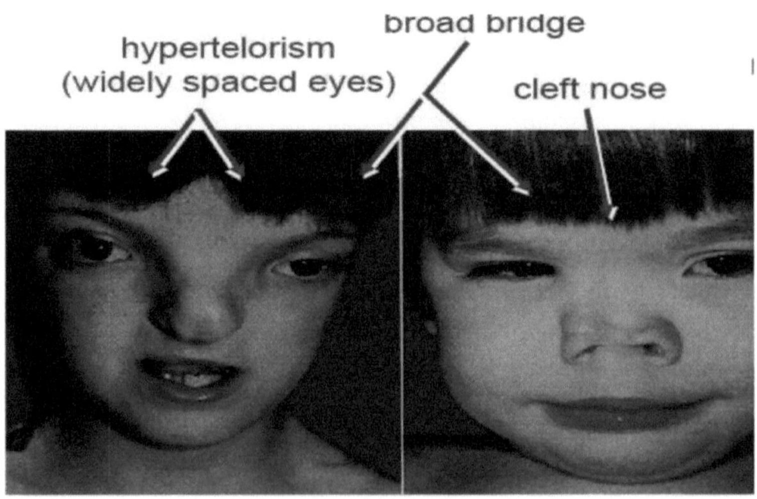

Defeitos da Proeminência Frontonasal II

A formação defeituosa do prosencéfalo manifesta-se através de defeitos do meio do rosto. Causas: excesso de álcool, genes (sonic hedgehog), excesso de ácido retinóico. Vasta gama de defeitos faciais Ligeiros: nariz curto e arrebitado; filtro deficiente; palato arqueado; microcefalia. Extremas: proeminências nasais mediais, falha na formação do processo intermaxilar; ausência do septo nasal e do osso etmoide; narina única (cebocefalia); hipotelorismo ou mesmo ciclopia com probóscide.

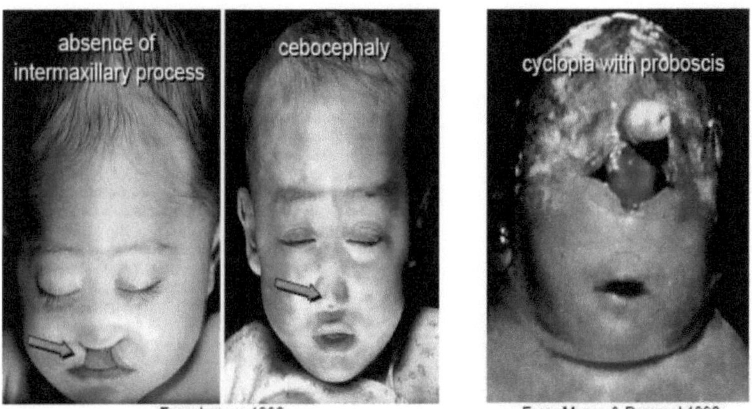

From Larsen 1998 From Moore & Persaud 1998

Defeitos dos processos maxilares

CLEFT LIP

Forma-se como um sulco labial persistente. O sulco labial deve desaparecer à medida que o promontório maxilar se funde com as proeminências nasais mediais fundidas. O estiramento do epitélio causa a rutura do tecido e a formação da fenda.

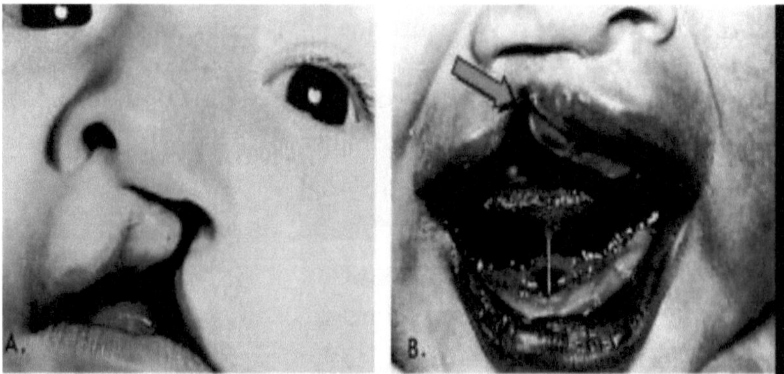

From Moore & Persaud 1998

DESENVOLVIMENTO DA MAXILA E DA MANDÍBULA

A maxila e a mandíbula desempenham um papel importante na estrutura, função e valor estético do rosto. Ambos se desenvolvem a partir do primeiro arco branquial, mas a contraparte esquelética tem um padrão de crescimento diferente.

TIPOS DE CRESCIMENTO

1. **INTERSTICIAL**
2. **APOSENTADORIA**

Outras teorias relacionadas com o crescimento craniofacial

<u>Princípio do "V" alargado de Enlow</u>

MUITOS OSSOS FACIAIS TÊM UM PADRÃO DE CRESCIMENTO EM FORMA DE V. O MOVIMENTO DE CRESCIMENTO E O ALARGAMENTO OCORREM EM DIRECÇÃO À EXTREMIDADE LARGA DA V. A DEPOSIÇÃO ÓSSEA OCORRE NO LADO INTERIOR DA EXTREMIDADE LARGA DA V E A REABSORÇÃO NA SUPERFÍCIE EXTERIOR. BASE DA MANDÍBULA, PALATO E EXTREMIDADE DOS OSSOS LONGOS.

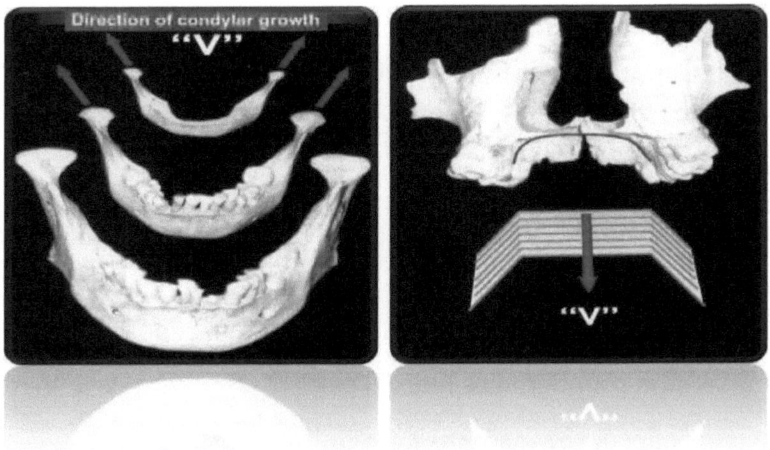

PRINCÍPIO DA CONTRAPARTIDA DE ENLOW

AFIRMA QUE O CRESCIMENTO DE QUALQUER PARTE DA FACE OU DO CRÂNIO SE RELACIONA ESPECIFICAMENTE COM OUTRAS CONTRAPARTES ESTRUTURAIS E GEOMÉTRICAS DA FACE E DO CRÂNIO. COMPLEXO NASO-MAXILAR E FOSSA CRANIANA ANTERIOR. ESPAÇO FARÍNGEO E FOSSA CRANIANA MÉDIA. TUBEROSIDADE MAXILAR E TUBEROSIDADE LINGUAL.

EMBRIOGÉNESE DO TECIDO ESQUELÉTICO

CONDROGÉNESE

OSSIFICAÇÃO INTRAMEMBRANOSA

OSSIFICAÇÃO CONDRAL

OSSIFICAÇÃO CONDRAL

PROCESSO DE FORMAÇÃO DA CARTILAGEM: Condensação mesenquimal no local de formação da cartilagem. Diferenciação em condroblastos. Os condroblastos produzem a matriz da cartilagem. Os condroblastos convertem-se em condrócitos. Os condrócitos aumentam de tamanho, dividem-se e produzem matriz, causando crescimento intersticial. A cartilagem tem uma membrana vascular envolvente: Pericôndrio.

Caraterísticas

A matriz permanece não calcificada, pelo que não são necessários vasos sanguíneos.

A matriz é dura e rígida e capaz de fornecer um suporte rígido.

A matriz tem propriedades hidrofílicas.

OSSIFICAÇÃO INTRA-MEMBRANOSA.

PROCESSO DE FORMAÇÃO DO OSSO DIRETAMENTE A PARTIR DAS CÉLULAS MESENQUIMÁTICAS NÃO DIFERENCIADAS: condensação de células mesenquimais no local de formação do osso. A diferenciação dos osteoblastos produz osteoide. Os osteoblastos transformam-se em osteócitos. Os osteoblastos transformam-se em osteócitos. O osteoide calcifica-se. Os vasos sanguíneos ficam retidos nos espaços que servem para fornecer os nutrientes aos osteócitos.

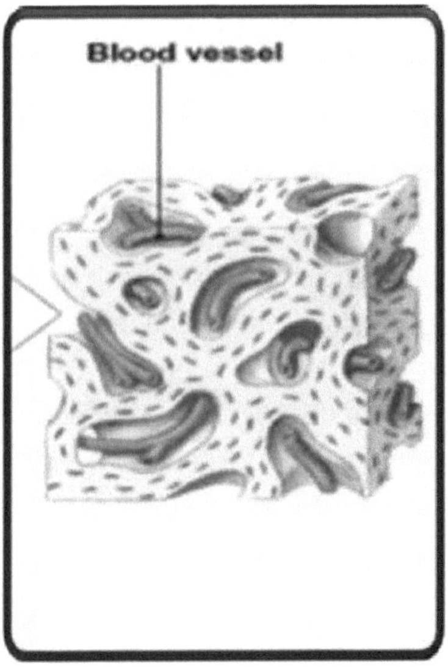

Os vasos sanguíneos formam o sistema harversiano.

Duas membranas cobrem as superfícies ósseas. Exterior: Periosteal . Interior : Endósteo

Ossificação endocondral

A capacidade de expansão do crescimento intersticial da cartilagem, mesmo sob pressão de peso, devido à sua avascularização que impede a isquémia (a nutrição da cartilagem é fornecida por fluidos tecidulares em fusão que não são facilmente obstruídos por pressões de carga), permite o crescimento direcionado do protótipo de cartilagem. O "molde" de cartilagem é depois substituído por osso endocondral, o que permite um crescimento ósseo indireto.

MOVIMENTOS DE CRESCIMENTO

1. DRIFT CORTICAL
2. DESLOCAMENTO

- PRIMÁRIO
- SECUNDÁRIO

Desvio cortical

A maior parte dos ossos cresce através da interação entre a deposição e a reabsorção óssea. Uma combinação de deposição e reabsorção óssea que resulta num movimento de crescimento em direção à superfície de deposição é designada por "desvio cortical". Se a deposição e a reabsorção óssea em ambos os lados de um osso forem iguais - a espessura do osso permanece constante.

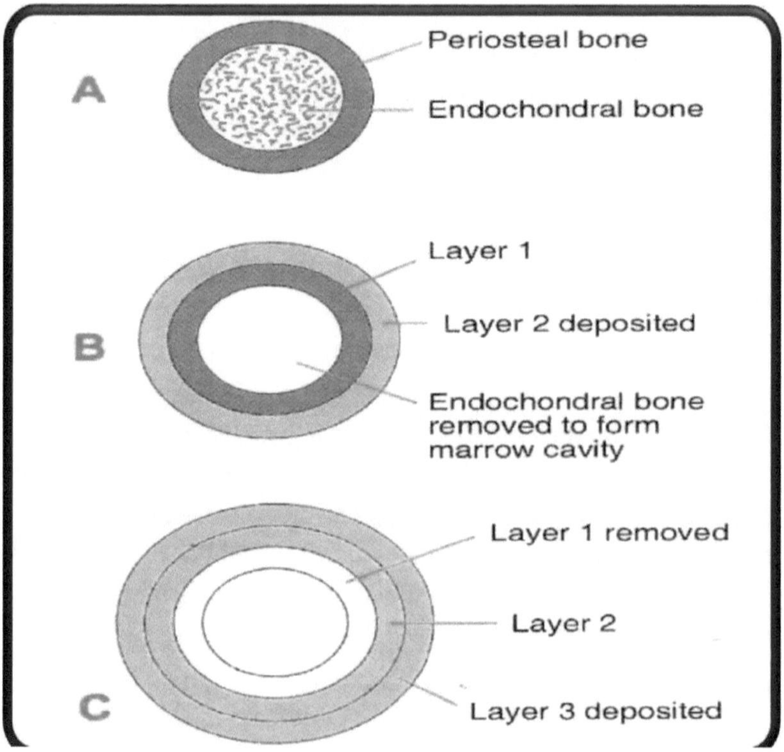

Deslocação:

É o movimento de todo o osso como uma unidade. O deslocamento pode ser de dois tipos.

Deslocação primária: Se um osso for deslocado em resultado do seu próprio crescimento, é designado por "deslocamento primário". Por exemplo, o crescimento do maxilar na região da tuberosidade resulta na pressão do maxilar contra a base do crânio, o que resulta na pressão do maxilar contra a base do crânio, o que resulta no deslocamento do maxilar para a frente e para baixo.

Deslocação secundária: Se o osso for deslocado como resultado do crescimento e alargamento de um osso adjacente, é designado por Deslocação secundária . O crescimento da base do crânio provoca a deslocação do maxilar para a frente e para baixo.

REMODELAMENTO: É a atividade de crescimento diferencial que envolve a deposição e a reabsorção simultâneas em todas as superfícies internas e externas do osso. Por exemplo, o ramo move-se posteriormente através de uma combinação de reabsorção e deposição.

Crescimento do maxilar

Os maxilares são os maiores ossos da face, com exceção da mandíbula, e formam, pela sua união, a totalidade do maxilar superior. Cada um deles ajuda a formar os limites de três cavidades, o céu da boca, o pavimento e a parede lateral do nariz e o pavimento da órbita. Também participa na formação de duas fossas, a infratemporal e a pterigopalatina, e de duas fissuras, a orbital inferior e a pterigomaxilar. Cada osso é constituído por um corpo e quatro processos - zigomático, frontal, alveolar e palatino.

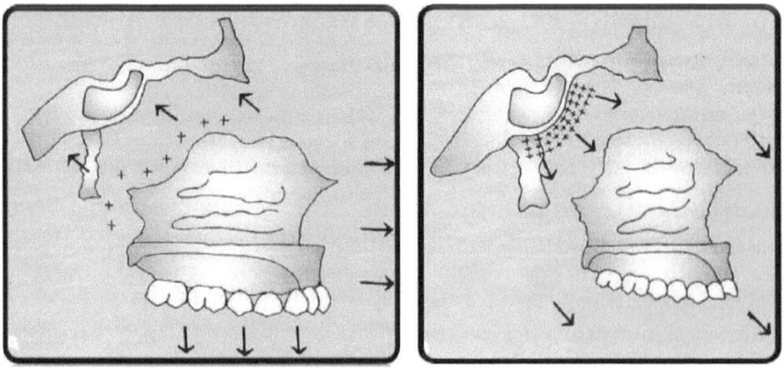

DESENVOLVIMENTO DA MAXILA

MAXILLA PROPER

PRE MAXILLA

CARTILAGEM ACESSÓRIA

Maxila propriamente dita: Desenvolve-se no mesênquima do processo maxilar do arco mandibular como ossificação intramembranosa. Tem um centro de ossificação que aparece numa faixa de tecido fibrocelular imediatamente lateral e ligeiramente abaixo do infra-orbital, onde dá origem ao seu ramo dentário superior anterior. **O** centro de ossificação situa-se acima da parte da lâmina dentária a partir da qual se desenvolve o órgão do esmalte do canino. **Espalha-se em diferentes direcções como:**

Para trás: abaixo da órbita em direção ao osso zigomático em desenvolvimento.

Para cima: Para formar o processo frontal da maxila.

Para a frente: Em direção à futura região dos incisivos.

para baixo:Para formar a placa alveolar externa para os germes dos dentes maxilares.

Em direção à linha média: A ossificação se espalha com o desenvolvimento do processo palatino na substância das pregas palatinas unidas para formar o palato duro. Na união entre o processo palatino e a parte principal da maxila em desenvolvimento, uma grande massa de osso é produzida. A partir desta região e no lado interno da lâmina dentária e dos germes dentários, desenvolve-se a placa alveolar interna dos

caninos e molares decíduos.

Como resultado deste padrão de deposição óssea, forma-se uma depressão óssea (sulco infraorbitário) onde se encontram os nervos infra-orbitários. Os bordos interno e externo deste sulco crescem, encontram-se e fundem-se formando um canal que envolve o nervo e se abre anteriormente no forame infraorbitário.

Desenvolvimento do seio maxilar:

A 4 MIU como uma pequena depressão da mucosa da parede lateral da cavidade nasal. Na sua extensão gradual, o seio entra em relação com o maxilar superior acima do nível do processo palatino e esvazia o interior do osso, separando assim a sua superfície superior ou orbital da sua região inferior ou dentária.

Dois centros de ossificação para a pré-maxila:

A) O centro palato-ficial:

Aparece no final das 6 UI. Inicia-se junto à superfície externa da cápsula nasal, à frente do nervo dentário superior anterior e acima do germe do incisivo lateral decíduo.

A partir deste centro, a formação óssea espalha-se:

1. Acima do germe dentário dos incisivos.
2. Depois, para baixo, atrás deles.

Para formar a parede interna dos seus alvéolos e a parte palatina da pré-maxila.

B) O centro prevomerino (centro paraseptal):

Começa aproximadamente às 8-9 UIU ao longo da parede alveolar externa. Situa-se sob a parte anterior do osso vômer e forma a parte do osso que se situa mesialmente à cartilagem parasseptal nasal.

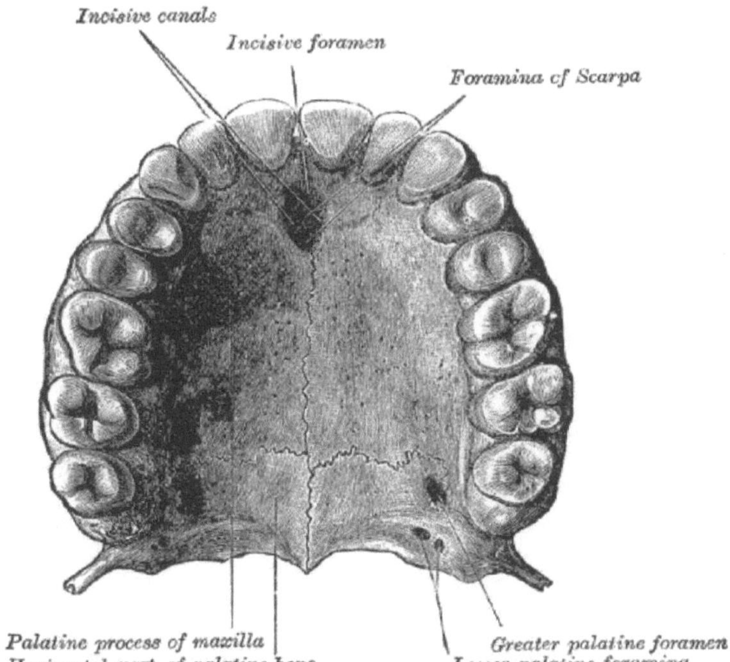

Às 8 UIU ocorre a união entre a maxila e a pré-maxila.

1. O centro **cartilaginoso acessório** aparece na região do futuro processo zigomático ou molar e este sofre uma rápida ossificação e acrescenta uma espessura considerável ao volume desta parte.

2. Também aparecem pequenas áreas de centro cartilaginoso secundário ao longo da margem de crescimento da placa alveolar.
3. Na linha média do palato duro em desenvolvimento, entre os dois processos palatinos

CRESCIMENTO DO MAXILAR

1. CRESCIMENTO SUTURAL
2. DESENVOLVIMENTO DE PROCESSOS DE TRABALHO
3. FORMAÇÃO ÓSSEA SUBPERIOSTEAL
4. ALARGAMENTO DO SEIO MAXILAR
5. FORMAÇÃO E DEPOSIÇÃO ÓSSEA

Crescimento **sutural** Continua até aos 10 anos de idade e depois torna-se menos significativo. A maxila articula-se com os outros ossos do crânio através de 4 suturas principais.

a) **Sutura maxilar anterior.**
b) **Sutura zigomaticomaxilar.**
c) **Sutura zigomaticotemporal.**
d) **Sutura pterigopalatina.**

Todas estas suturas são paralelas entre si e dirigidas de cima para baixo, anteriormente, para baixo, posteriormente. Assim, o crescimento nestas suturas deslocará o maxilar para a frente e para baixo.

Desenvolvimento do processo alveolar: Aumentará a altura da maxila. A erupção dos dentes, especialmente do conjunto permenente, serve muito neste sentido, enquanto a erupção dos molares superiores permenentes aumenta o comprimento da arcada.

Formação óssea subperiosteal: Ocorre ao longo da vida e é o principal fator de crescimento do maxilar.

Alargamento do seio maxilar: desempenha um papel importante no crescimento do corpo do maxilar. O seio, que ocupa a maior parte do corpo do maxilar, expande-se através da reabsorção óssea no lado do seio e da deposição óssea na superfície facial do processo maxilar. Um processo conhecido como pneumotização.

Reabsorção óssea e deposição óssea: Ocorre também noutros locais para além do seio nasal. A reabsorção óssea no assoalho da cavidade nasal compensada pela deposição óssea na superfície oral do palato ajudará no alargamento da cavidade nasal e, consequentemente, aumentará a altura do maxilar.

ALTERAÇÕES ETÁRIAS DA MAXILA

No nascimento

1. Os diâmetros transversal e antero-posterior do osso são, cada um, maior do que o vertical.

2. O processo frontal está bem marcado e o corpo do osso é constituído por pouco mais do que o processo alveolar.

3. As cavidades dentárias atingem quase o pavimento da órbita.

4. O seio maxilar apresenta a aparência de um sulco na parede lateral do nariz.

Idade adulta: No adulto, o diâmetro vertical é o maior.

Velhice: Na velhice, o osso regressa, em certa medida, à condição infantil:

1. A sua altura é reduzida.
2. Após a perda dos dentes, o processo alveolar é reabsorvido e a parte inferior do osso contrai-se e reduz a sua espessura

Desenvolvimento da mandíbula: É o maior e mais forte osso da face, serve para a receção dos dentes inferiores. É constituída por uma porção curva e horizontal, o corpo, e duas porções perpendiculares, os ramos, que se unem às extremidades do corpo quase em ângulo reto.

CORPO DA MANDÍBULA

A mandíbula está ossificada na membrana fibrosa que cobre as superfícies exteriores das cartilagens de Meckel, que formam a barra cartilaginosa do arco mandibular e são em número de duas, uma direita e uma esquerda, cujas extremidades proximais ou craniais estão ligadas às cápsulas auriculares e as extremidades distais estão unidas entre si na sínfise por tecido mesodérmico. A cartilagem de Meckel tem uma relação estreita com o nervo mandibular, na junção entre os terços posterior e médio, onde o nervo mandibular se divide em nervo lingual e nervo dentário inferior.

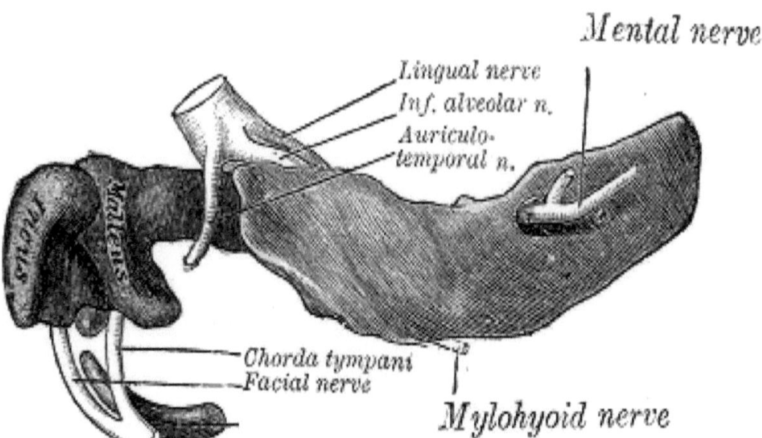

O nervo lingual passa para a frente, na face medial da cartilagem, enquanto o nervo dentário inferior se situa lateralmente às suas margens superiores e avança paralelamente a ela, terminando por se dividir nos ramos mental e incisivo. A partir da extremidade proximal de cada cartilagem, os dois ossos do ouvido médio desenvolvem-se ; a porção seguinte, até à língula, é substituída por tecido fibroso, que persiste para formar o ligamento esfenomandibular e o pericôndrio da cartilagem persiste como ligamento esfenomandibular. Entre a língula e o dente canino, a cartilagem desaparece, enquanto a porção abaixo e atrás dos dentes incisivos se torna ossificada e incorporada a essa parte da mandíbula. A mandíbula aparece inicialmente como uma faixa de tecido fibrocelular denso que se encontra na face lateral dos nervos dentário e incisivo inferiores. Para cada metade da mandíbula,

A ossificação tem lugar na membrana que cobre a superfície exterior da cartilagem de Meckel e cada metade do osso é formada a partir de um único centro que aparece, na região da bifurcação dos ramos mental e incisivo, por volta da sexta semana de vida fetal

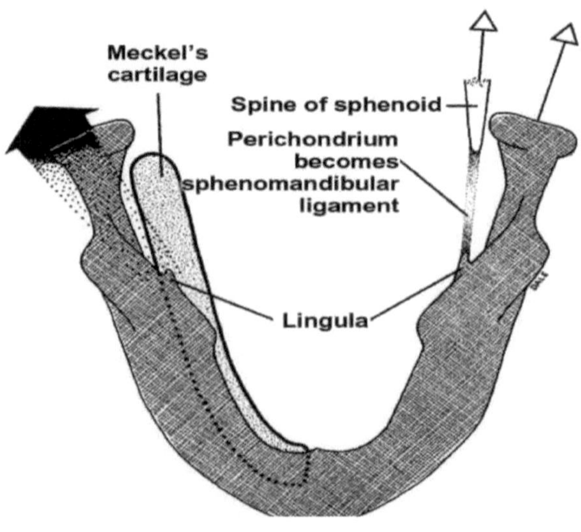

RAMOS DA MANDÍBULA

O ramo da mandíbula desenvolve-se através de uma rápida

propagação da ossificação para trás no mesênquima do primeiro arco branquial, divergindo da cartilagem de Meckel. Este ponto de divergência é marcado pelo forame mandibular

Um pouco mais tarde, aparecem os núcleos acessórios de cartilagem:

1. Um núcleo em forma de cunha no processo condiloide e que se estende para baixo através do ramo.

2. Uma pequena faixa ao longo da borda anterior do processo coronoide.

A cartilagem condilar:

A cartilagem em forma de cenoura aparece na região do côndilo e ocupa a maior parte do ramo em desenvolvimento. É rapidamente convertida em osso pela ossificação endocondral (14th. WIU) que dá origem a:

- Cabeça do côndilo e colo da mandíbula.
- A metade posterior do ramo até ao nível do forame dentário inferior

Estes núcleos acessórios não possuem centros de ossificação separados, mas são invadidos pela membrana óssea circundante e sofrem absorção.

PROCESSO ALVEOLAR: Começa quando os germes dos dentes decíduos atingem a fase inicial de sino. Com este crescimento, os germes dentários encontram-se numa calha ou sulco ósseo, que também inclui os nervos alveolares e os vasos sanguíneos. Mais tarde, desenvolvem-se septos de osso entre os germes dentários adjacentes, mantendo cada dente separado na sua fenda óssea. O canal mandibular é separado das criptas ósseas por uma placa horizontal de osso. Os processos alveolares crescem a um ritmo rápido durante os períodos de erupção dentária.

CRESCIMENTO DA MANDÍBULA

1. CRESCIMENTO POR CARTILAGEM SECUNDÁRIA
2. CRESCIMENTO DO OSSO ALVEOLAR
3. APOSIÇÃO E REABSORÇÃO ÓSSEA

II. Desenvolvimento do processo alveolar:

Devido ao aumento do espaço entre os maxilares superior e inferior (por que) cria-se um espaço entre os dentes opostos para erupção, ao mesmo tempo em que ocorre a aposição óssea na crista do processo alveolar e no fundo do alvéolo.Este processo também é responsável pela distância entre o canal mandibular e os ápices dos pré-molares e dos dois primeiros molares, o que significa que a deposição óssea contribui para o crescimento do corpo da mandíbula em altura.

ALTERAÇÕES DE IDADE NA MANDÍBULA

No nascimento: O corpo do osso é uma mera concha, contendo os alvéolos dos dois dentes incisivos, do canino e dos dois dentes molares decíduos, imperfeitamente separados uns dos outros. O canal mandibular é de grandes dimensões e corre perto da borda inferior do osso; o forame mental abre-se sob a cavidade do primeiro dente molar decíduo. O ângulo é obtuso (175°), e a porção condiloide está quase alinhada com o corpo. O processo coronoide é de tamanho relativamente grande e projecta-se acima do nível do côndilo.

Infância: No início do segundo ano, pode ser visível um traço de separação na região da sínfise, perto da margem alveolar. O corpo torna-se alongado em todo o seu comprimento, mas mais especialmente atrás do forame mental, para dar espaço aos três dentes adicionais desenvolvidos nesta parte. A profundidade do corpo aumenta devido ao crescimento da parte alveolar, para dar espaço às raízes dos dentes. A profundidade do corpo aumenta devido ao aumento do crescimento da parte alveolar, para dar espaço às raízes dos dentes. O espessamento da porção subdentária permite que a mandíbula resista à poderosa ação dos músculos mastigatórios; mas a porção alveolar é a mais profunda das duas e, consequentemente, a parte principal do corpo situa-se acima da linha oblíqua. O canal mandibular, depois de

A segunda dentição situa-se um pouco acima do nível da linha milo-hióidea; e o forame mental ocupa a posição habitual no adulto. O ângulo torna-se menos obtuso, devido à separação dos maxilares pelos dentes; por volta do quarto ano, é de 140°.

ADULTOS: As porções alveolares e sub-dentárias do corpo são geralmente de igual profundidade. O forame mental abre-se a meio caminho entre as bordas superior e inferior do osso, e o canal mandibular corre quase paralelamente à linha milo-hióidea. O ramo tem uma direção quase vertical, com um ângulo de 110° a 120°.

IDADE VELHA: O osso fica muito reduzido em tamanho, pois com a perda dos dentes o processo alveolar é absorvido e, consequentemente, a parte principal do osso fica abaixo da linha oblíqua. O canal mandibular, com o forame mental que se abre a partir dele, está próximo do bordo alveolar. O ramo é oblíquo em direção, o ângulo mede cerca de 140° e o colo do côndilo está mais ou menos dobrado para trás.

CORRELAÇÕES CLÍNICAS

1. **AGNATHIA**
2. **MICROGNATHIA**
3. **MACROGNATHIA**
4. **TROFÉU HEMI HYPER FACIAL**
5. **HEMI ATROFIA FACIAL.**

Desenvolvimento do palato

O palato" é o tecido que se interpõe entre as cavidades oral e nasal", desenvolve-se a partir de 2 partes: o palato primário e o palato secundário.

Desenvolvimento do palato primário: Aparece mais cedo do que o palato secundário às 6 semanas iu. É um osso triangular anterior à papila incisiva que suporta os 4 incisivos maxilares. Desenvolve-se a partir dos tecidos profundos do segmento intermaxilar durante o aprofundamento da fossa nasal para formar o saco nasal. Os tecidos abaixo do saco nasal aumentam e crescem inferiormente para formar o palato primário. A rutura da membrana oro-nasal separa o palato primário da cavidade nasal. O palato primário e as partes centrais do lábio superior são uma unidade no início, mas depois, às 8 semanas, ficam separados pela lâmina vestibular.

Desenvolvimento do palato secundário: O palato secundário forma o palato posterior à fossa incisiva, que inclui o palato duro e o palato mole. Os bordos mediais inferiores do processo maxilar formam os processos palatinos (prateleiras) às 6 semanas de idade. A língua é estreita e alta, preenchendo toda a cavidade oro-nasal, pelo que as prateleiras palatinas crescem medialmente e para baixo (verticalmente) em ambos os lados da língua.

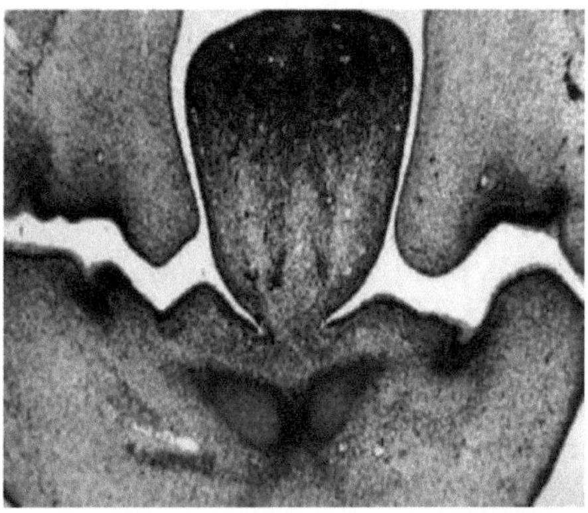

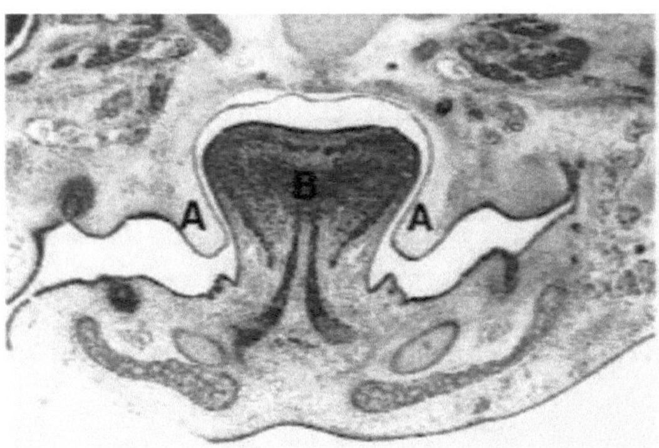

Elevação da prateleira palatina

A fusão das prateleiras palatinas ocorre primeiro logo a seguir ao palato primário e, a partir deste ponto, a fusão das prateleiras palatinas com a pré-maxila prossegue anteriormente e a fusão entre as prateleiras palatinas prossegue posteriormente, bem como entre as prateleiras palatinas e o septo nasal (formado a partir das partes interiores da pré-maxila), exceto posteriormente, onde o palato mole e a úvula permanecem não ligados.

Formação do palato duro e mole

O palato é então invadido nos seus 2/3rd anteriores por osso (dos centros palatinos pré-maxilar e maxilar) para formar o palato duro, e a parte posterior é invadida por músculos para formar o palato mole. A sutura incisiva demarca a união entre o palato primário e o palato secundário, enquanto a rafe palatina demarca a união entre as duas prateleiras palatinas.

Correlatos clínicos

PALATO LIMPO

Menos comum do que a fenda labial

Devido a:

1. **falta de crescimento ou falha na fusão entre o processo palatino medial e lateral e o septo nasal.**
2. **Interrupção do crescimento após a fusão inicial (em qualquer ponto)**
3. **Interferência com a elevação das prateleiras palatinas.**

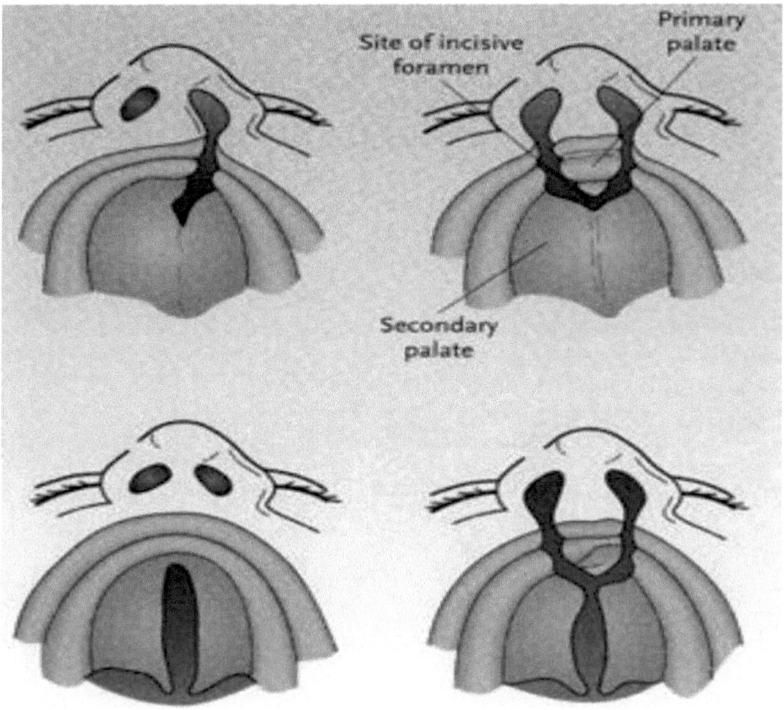
Site of incisive foramen
Primary palate
Secondary palate

REFERÊNCIAS

1. António Nanci. Histologia oral de Ten Cates. Sexta edição
2. James K. Avery. Desenvolvimento e histologia oral. Terceira edição
3. S.N. Bhaskar. Orban's oral histology and embryology. Décima edição
4. Livro de texto de ortodontia - *SAMIR E BISHARA*
5. Ortodontia contemporânea - *WILLIAM R PROFFIT*
6. *Texto de Ortodontia - GURKEERATSINGH*
7. Desenvolvimento craniofacial por Geoffrey H. Sperber

MIX
Papier aus verantwortungsvollen Quellen
Paper from responsible sources
FSC® C105338

Printed by Books on Demand GmbH, Norderstedt / Germany